ESSAI

SUR LA NATURE ET LA CURATION DES AFFECTIONS SCROFULEUSES,

Par J. Ant. CAPELLE,

MÉDECIN, DU DÉPARTEMENT DU CANTAL.

Non vanam et fucatam, sed veram, utilem et fructiferam philosophiam sectamur. Cicéro.

DE L'IMPRIMERIE DE CLOUSIER.

A PARIS,

Chez CROULLEBOIS, Libraire, rue des Mathurins, au coin de celle des Maçons.

An 10. — 1802.

ESSAI

SUR LA NATURE ET LA CURATION

DES AFFECTIONS

SCROFULEUSES,

Par [illegible]

[illegible]

[illegible]

DE L'IMPRIMERIE DE [illegible]

A PARIS,

Chez CROULLEBOIS, Libraire, rue des Mathurins, [illegible]

[illegible]

ESSAI

SUR LA NATURE ET LA CURATION DES AFFECTIONS SCROFULEUSES.

Non fingendum aut excogitandum, sed inveniendum quid natura faciat aut ferat. . . BACON, *Aphor.*

DÉTERMINER la nature des affections morbifiques du système lymphatique connues sous le nom vulgaire d'écrouelles ou de scrofules, et exposer avec précision le traitement qui leur convient : telle est la question qui, quoique souvent traitée, mais pas encore résolue, m'a paru présenter un sujet de nouvelles recherches d'autant plus intéressant pour moi, que les scrofules sont la maladie endémique du pays qui m'a vu naître. Depuis long-tems, j'ai désiré d'en connaître la véritable origine (1), persuadé que cette connaissance peut

(1) *Felix qui veras avidus cognoscere causas.* Polignac Antiluc. lib. 3.

seule éclairer le médecin sur les moyens efficaces de guérison. On trouve dans les auteurs peu de notions satisfaisantes sur ce point important. La diversité de leurs opinions sur les causes productrices des scrofules, et le peu de succès des méthodes curatives tour-à-tour imaginées pour les combattre, sont une preuve non équivoque que la source primitive n'en a pas encore été parfaitement déterminée, ni le véritable caractère bien reconnu.

Frappés de quelques phénomènes plus ou moins marquans dont s'accompagnent les scrofules, et qui se manifestent communément dans le système lymphatique glanduleux, presque tous les médecins semblent avoir négligé, ou du moins n'avoir que très-secondairement envisagé les symptômes vraiment essentiels de la maladie, ceux qui en constituent le caractère fondamental. Ils ont généralement cru en trouver la cause dans un virus spécifique ; les uns ont fait consister ce virus spécifique, dans l'épaississement de la lymphe ; les autres dans un principe acrimonieux introduit ou engendré dans le système, dans une humeur chaude et âcre transmise des pères aux enfans par la génération (2) ; tandis que d'autres l'ont regardé

(2) *Quincy*, *medicina statica*, attribue l'origine des écrouelles à une humeur âcre et brûlante, qui passe avec la semence, des pères aux enfans, se manifeste dans un âge où elle trouve certaines glandes propres à la recevoir,

comme le produit d'un virus d'une autre espèce (3). L'épaississement lymphatique a été encore considéré comme le simple résultat d'une nourriture grossière et visqueuse, de la mauvaise qualité des fruits (4), ou de la nature des eaux (5).

---

et disparaît, lorsque les facultés digestives ont atteint toutes leurs forces. Alors, dit-il, la vigueur de la constitution émousse l'acrimonie, et en procure l'issue par des couloirs naturels. Il suffit d'exposer cette opinion pour en faire sentir le ridicule. *Voyez* Dict. encyclop. de méd. par *James*, art. scrofules.

Les médecins qui ont attribué les scrofules au défaut de sécrétion du sperme, en se fondant sur les guérisons spontanées qu'amène souvent la puberté, n'ont pas avancé une opinion plus probable. Les guérisons spontanées qui ont lieu à cette époque, sont déterminées par l'augmentation des forces, et non par la sécrétion de la liqueur spermatique.

(3) *Selle*, méd. clin. tome 1, page 258. *Stoll*, de morb. chron. page 21. *Brieude*, topog. méd. de la haute Auvergne, mém. de la soc. roy. de méd. vol. 5, page 306; et *Hufeland*, Mém. sur les Scrof. biblioth. germ tome 1, page 243, regardent les scrofules comme une dégénération du vice vénérien; et d'autres auteurs, parmi lesquels *Dehaen*, croyent qu'elles sont une suite de la petite vérole. Ces affections peuvent compliquer les scrofules; mais aucun fait certain ne prouve qu'elles puissent leur donner naissance; il est au contraire démontré, que la fièvre varioleuse a guéri quelquefois des enfans scrofuleux.

(4) *Boerhaave*, et après lui la plûpart des médecins modernes, attribuent l'épaississement lymphatique, ou comme ils l'appèlent, le *glutinosum spontaneum*, à l'usage

1 . .

Enfin, dans ces derniers tems, les médecins chimistes se sont persuadés avoir fait un grand pas vers la vérité, en rapportant la cause immédiate de tous les ravages occasionnés par les scrofules, à un acide prédominant dans le système ; c'est cet acide, dont ils n'ont pourtant pas encore déterminé la nature, qui coagule la lymphe, qui, dans quelques circonstances, se porte sur la substance osseuse, la dissout et l'entraîne hors du corps. Tel est, suivant ces médecins, le mécanisme du ramollissement et de la carie des os.

Mais l'observation et une étude réfléchie des lois et des phénomènes de l'économie vivante, font

---

des alimens grossiers, non fermentés, des fruits cruds et austères qui, mal digérés par un estomac faible, portent dans le sang et les autres fluides dont il est la source, une pâte épaisse et visqueuse. Mais cette doctrine est évidemment fondée sur des faits imaginaires.

(5) Les écrouelles, suivant *Bordeu*, tirent leur origine des eaux trop crues et d'un air trop vierge. Cette opinion, quoique la plus satisfaisante, n'est pas entièrement vraie; car sur les plus hautes montagnes qui sont les plus froides et les plus arides, où les eaux sont très-crues, et l'air très-vierge, pour me servir de l'expression de *Bordeu*, les écrouelles sont très-rares, et presque inconnues, comme nous le dirons plus bas. D'ailleurs, ainsi que l'observe *Coray*, (trad. du traité des airs, des eaux et des lieux d'hip.) les eaux ne doivent pas être considérées en elles-mêmes, et indépendamment de toute autre cause locale; mais combinées avec les qualités du sol et des vents qui soufflent habituellement dans une région.

voir que, parmi les différentes causes que je viens d'exposer, les unes sont bien loin d'être démontrées, et les autres purement secondaires, puisqu'elles ne sont que les effets très-naturels d'un état particulier du corps chez les individus scrofuleux.

Rien ne prouve mieux d'ailleurs la futilité de ces diverses théories, que l'inefficacité avouée par l'expérience des méthodes variées de traitement qu'elles ont enfantées. Les prétendus fondans de la lymphe, les remèdes donnés comme spécifiques pour corriger et expulser l'acrimonie, pour détruire le virus imaginaire, ou enfin, pour neutraliser l'acide, n'ont pas encore en effet justifié les belles espérances que chaque révolution dans la théorie a successivement fait concevoir. Faut-il s'en étonner! On a méconnu la nature; on a négligé ses moyens : ses forces, convenablement excitées et soutenues, sont les vrais fondans de la lymphe, les vrais spécifiques contre les scrofules, comme contre toutes les maladies qui participent de leur caractère.

Le défaut de notions exactes sur l'essence ou la nature de ce genre d'affections les plus dégoûtantes et les plus opiniâtres qui puissent affliger l'espèce humaine, me paraît donc provenir de ce qu'en général, on n'a pas fait assez d'attention à l'état des forces vitales éminemment languissantes, à l'atonie générale des solides si remarquable chez les scrofuleux.

Guidé par les lumières d'une saine physiologie, j'ai cru qu'au lieu de me borner à l'examen des altérations connues des humeurs dans ces individus, il était plus philosophique et plus utile de me fixer spécialement à la considération des solides, et de tâcher de remonter à la cause primitive de cette langueur, de cette débilité générale qui caractérisent les scrofules dans leurs différentes périodes; car, suivant les principes si clairement développés par les professeurs *Chaussier* et *Pinel*, principes qui trouvent ici l'application la plus directe, les altérations des fluides sont toujours subordonnées à l'action vitale des solides; c'est des lésions de cette action vitale organique, que dépendent tous les phénomènes relatifs aux différens modes d'altération qui se manifestent dans les fluides; la prostration, comme l'exaltation des forces vitales, devient le germe d'une foule d'accidens morbifiques plus ou moins développés, suivant la nature des parties qui en sont le siége, suivant l'énergie des causes, soit affaiblissantes, soit irritantes, et autres circonstances particulières.

Or l'observation, cette source féconde de connaissances en médecine, quand on sait y puiser sans prévention; l'observation, dis-je, nous montre dans les personnes qui sont le plus ordinairement affectées des scrofules, une habitude particulière du corps, une constitution originelle marquée par un état de vie imparfaite, par une atonie générale du système, et principalement du système lymphatique. Elle nous apprend en même tems que cette constitution naturelle est héréditaire et endémique dans certains climats dont la température et le sol paraissent bien propres à la produire par la nature de leur influence, comme on le verra bientôt; d'où je crois être fondé à conclure que les affections scrofuleuses dépendent essentiellement de cette constitution radicale et particulière à certains climats, et qu'elles n'en sont que le développement plus ou moins avancé, suivant l'âge, le sexe, le genre de vie et autres circonstances individuelles ou locales.

« Quelles que soient les causes productrices ou « prédisposantes des scrofules, a dit avec raison « un fameux chirurgien anglais (6), cette maladie « ou dépend de la faiblesse de la constitution, et « probablement de celle du système lymphatique, « ou se trouve liée avec cette débilité. C'est tou- « jours par l'affection du système lymphatique « que cette maladie commence. Il est probable, « d'après les causes qui peuvent produire les scro- « fules, et d'après la nature tonique des remèdes « qui sont les plus efficaces dans cette maladie, « que la débilité de la constitution et du système « lymphatique tend à la produire. » Il est à regretter qu'après avoir reconnu le véritable caractère des scrofules dans la débilité du système gé-

(6) *Bell*, traité des ulcères, page 444.

néral des solides, et particulièrement du système lymphatique, l'auteur n'assigne pas les causes qui impriment une modification si frappante à la constitution humaine.

Il semble que le célèbre *Cullen* n'ait fait aussi qu'entrevoir, pour ainsi dire, que les scrofules ne sont que le développement d'une constitution naturelle endémique ou particulière à certains climats, lorsqu'après avoir exposé le peu de fondement des opinions des auteurs sur l'origine de cette maladie, il s'exprime ainsi : (7) « Plusieurs « de ces circonstances me portent à conclure en « général, que cette maladie dépend d'une cons- « titution particulière du système lymphatique ; « car elle n'attaque que certaines constitutions ; « elle se manifeste à une période particulière de la « vie, et elle est même héréditaire ; ce qui dépend « très-fréquemment de la transmission d'une « constitution particulière. »

Ces mots, *très-fréquemment*, n'indiquent-ils pas qu'indépendamment de la transmission des pères aux enfans, cette constitution, ou les scrofules, qui n'en sont que le développement, peuvent avoir encore une autre origine ?

Nous trouvons la constitution scrofuleuse, dans les lieux un peu élevés, où l'air est le plus souvent froid, mais constamment humide et pourtant plus vif et plus élastique que celui des lieux

(7) Méd. prat. tome 2, page 610.

bas et marécageux. Elle se rencontre très-fréquemment dans nos montagnes de la ci-devant Auvergne, surtout dans les endroits situés entre deux collines qui les dominent, où la température est froide et humide pendant la majeure partie de l'année, le sol également pénétré d'une humidité froide, où les variations de l'atmosphère sont fréquentes et subites, les brouillards presque continuels, la neige, la pluie et les rosées très-abondantes. Cette constitution est presque inconnue sur les plateaux les plus élevés de ces montagnes; mais elle règne particulièrement au pied et sur les flancs, surtout ceux qui sont exposés aux vents du sud-ouest, de l'ouest ou du nord-ouest. Les habitans des coteaux élevés tournés vers le nord, ou des lieux secs et exposés à tous les vents, en offrent rarement des marques.

La constitution scrofuleuse est ordinaire dans plusieurs contrées septentrionales, suivant *Méad*. Elle est aussi endémique dans des portions très-étendues des Alpes et des Pyrénées (8), en Suisse, en Hollande, en Angleterre, et généralement dans tous les lieux où la température et le sol présentent des qualités à-peu-près semblables à celles que nous avons assignées (9), quelque soit d'ailleurs

(8) Voy. *Hufeland*, mém. déjà cité, et *Thierry*, recher. de philos. et de méd.

(9) Il y a beaucoup de scrofuleux dans les grandes villes; on en voit un nombre très-considérable à Paris, principalement dans les quartiers humides, où les rues

le genre de vie des habitans. (10). Voici les caractères qui distinguent cette constitution.

Caractères de la constitution scrofuleuse.

Elle se reconnaît dans les enfans, à la couleur blanche et souvent rosée de la peau, accompagnée d'un poli et d'une douceur remarquables; leur chair est flasque et molle; ils ont les yeux bleus, saillans, la pupille dilatée, une belle chevelure, ordinairement blonde ou cendrée, les lèvres épaisses et gonflées, surtout la lèvre supérieure, au milieu de laquelle il se forme de tems en tems une gerçure avec écoulement d'un liquide jaunâtre; quelquefois, le gonflement s'étend jusqu'aux ailes du nez et aux paupières; il paraît encore assez fréquemment sous le menton et autour du cou, des tumeurs mobiles et indolentes qui conservent la couleur naturelle de la peau;

---

sont étroites, les maisons presque point, ou rarement éclairées par les rayons du soleil. Les familles logées aux rez-de-chaussée, sont de préférence atteintes des scrofules.

(10) La nourriture est presque la même dans toute l'étendue de nos montagnes; presque partout le peuple s'y nourrit de pain de seigle, de gâteaux faits avec la farine de blé noir, de laitage et de lard. Néanmoins, la constitution scrofuleuse est infiniment rare dans les endroits secs et très-élevés; tandis que dans les endroits où l'air et le sol sont toujours humides, elle affecte indifféremment les riches comme les pauvres, ceux qui se nourrissent bien, comme ceux qui ne vivent que d'alimens grossiers.

ces tumeurs sont plus ou moins grosses, et forment par leur contiguité une espèce de chaîne ou de groupe. Le cou est aussi gros et court, comme le remarque *Lomnius* (11).

Dans un âge plus avancé, et surtout dans l'âge mûr, les signes qui caractérisent la constitution scrofuleuse, sont le gros volume des os, qui est particulièrement remarquable à la face et aux membres; l'os maxillaire forme des angles saillans vers les oreilles; les os malaires proéminent, et les joues se creusent; ce qui donne au visage une forme plate et carrée; le nez est ordinairement fort volumineux; il en est de même de l'encéphale; la boîte du crâne présente quelquefois des bosselures. Les scrofuleux sont sujets à une expuition habituelle et sans toux d'une mucosité blanche et assez épaisse. Les paupières deviennent rouges dans quelques individus, et restent constamment telles dans beaucoup d'autres. Les yeux sont chassieux et fluxionnaires, les oreilles affectées d'un suintement séreux. La forme des membres est matérielle et mal arrondie; les jambes sont légèrement arquées, les articulations plus ou moins tuméfiées, principalement aux pieds et aux mains. La peau flasque, devient d'un rouge foncé ou livide, en même tems qu'elle se durcit avec l'âge. Les fibres sont aussi lâches et sans élasticité; le pouls

(11) *Pueris accidunt strumœ, si breve his collum*, dit cet auteur.

est petit et mou. Il y a, en général, chez les scrofuleux, peu de chaleur et de sensibilité; toutes les fonctions sont plus ou moins languissantes. Les urines ordinairement pâles, donnent une substance phosphoréo-calcaire, une substance muqueuse et beaucoup d'acide phosphorique.

Les personnes du sexe présentent la même habitude extérieure du corps, les mêmes phénomènes de la constitution; mais les signes de relâchement et d'atonie sont plus prononcés, à raison de leur complexion naturellement plus faible; leur ventre est fort gros, et l'éruption menstruelle est chez elles très-tardive; on observe dans la plûpart une bouffissure générale, une sorte d'engouement ou d'épaississement du tissu cellulaire qui semble leur donner un embonpoint avantageux; mais cet embonpoint apparent est une véritable polysarcie morbifique. (12) Il n'est pas même rare de voir des familles entières affligées de cette polysarcie scrofuleuse.

Dans les climats froids et humides, l'homme est dans un état continuel d'acescence et de crudité: il n'y mûrit jamais complétement, comme dans les pays chauds et secs.

Dans ces derniers climats, les fruits suivent

(12) Le développement de la graisse suppose toujours, suivant la juste observation de *Lorry*, plus ou moins de relâchement et de faiblesse dans la constitution du corps, et de débilité dans le système vasculaire. Mém. de la soc. roy. de méd. an 1779, part. 2, page 124.

dans leur maturation les progressions suivantes : ils sont d'abord âpres, ensuite ils deviennent acides, et cet acide se convertit enfin en un suc doux et sucré ; et ce dernier état constitue la maturité.

Au contraire, dans les climats froids et humides, les mêmes fruits conservent toujours de leur âpreté ou de leur acidité, et ne mûrissent jamais parfaitement.

L'homme, comme les fruits, éprouve la diverse influence des climats ; il reste crû, ou mûrit comme eux, suivant la nature du sol qu'il habite.

Cet état naturel de crudité chez les scrofuleux, se manifeste par l'odeur aigre de la transpiration de la sueur, et quelquefois des autres excrétions, ainsi que par celle des croûtes et des ulcères qui se manifestent sur différentes parties de leurs corps.

Mais ces phénomènes d'aigreur et d'acidité, auxquels on a voulu faire jouer un si grand rôle, de même que les concrétions de la lymphe et de la graisse qu'on observe dans les scrofules, ne peuvent pas être attribués à une acescence générale des fluides ; ils sont simplement l'effet de l'atonie générale des solides, et surtout de la débilité du système lymphatique, comme le remarque très-judicieusement l'auteur du traité des ulcères, déjà cité, page 446.

L'humidité froide du climat et du sol, en

macérant pour ainsi dire les solides, détruit leur cohésion et leur élasticité, énerve l'action des organes, produit l'atonie des vaisseaux, particulièrement du système absorbant; et par une suite nécessaire la stagnation des humeurs, les congestions lymphatiques, et les différentes altérations qui résultent du défaut de réaction vitale dans les parties qui en sont le siége. L'homme soumis à cette influence débilitante, doit être, comme le sont effectivement les scrofuleux, dans un état habituel de langueur, de paresse, et d'inertie.

Celui, au contraire, qui habite un climat chaud et sec, ou froid et sec, a les fibres roides, élastiques; ses muscles sont fermes et vigoureux; il jouit en général, d'une force et d'une activité qu'on ne rencontre jamais dans les lieux où les scrofules sont endémiques.

Les plantes nous présentent les mêmes effets dans les phénomènes de leur vie organique, et de leur structure physique; elles se distinguent par la vigueur ou la faiblesse de la végétation, par la consistance ou le relâchement de leur fibre, suivant le climat et les qualités du sol où elles croissent.

L'influence du climat et du sol, ne se borne pas à modifier la constitution physique de l'homme, elle exerce encore un empire bien marqué sur sa constitution morale. Les habitans des pays froids et humides, qui jouissent rarement des rayons vivifians du soleil, éprouvent un affaiblissement de leurs facultés morales, comme de leurs facultés physiques (13).

On trouve rarement, quoiqu'on en dise, des prodiges d'esprit parmi les scrofuleux; le plus grand nombre de ceux qui naissent avec cette constitution, ou qui la reçoivent de l'impression des causes affaiblissantes dont nous venons de parler, sont apathiques, stupides, et peu propres aux sciences.

Les auteurs conviennent assez généralement que les scrofules sont héréditaires. Cette opinion est une vérité fondée sur l'observation et l'expérience. *Cullen* dit même que les enfans qui ressemblent au père, sont les seuls atteints, si c'est lui qui est malade, et réciproquement, si c'est la mère. Cette propagation des pères aux enfans, ne consiste pas dans la transmission d'une matière particulière, d'une humeur âcre, etc. comme on l'a si gratuitement supposé; mais dans celle d'une forme du corps, d'un tempérament, d'une constitution particulière, quoique cette constitution naturelle ne se manifeste pas au moment de la naissance par les caractères qui lui sont propres, et qu'elle ait besoin d'un tems plus ou moins long pour se développer (14).

---

(13) *Voy. Hip. de aere, locis et aquis.*

(14) Les scrofules se manifestent communément depuis l'âge de deux ou trois ans, jusqu'à sept, quelquefois plutôt ou plus tard. La dentition favorise souvent, ou pour mieux dire, détermine leur développement.

C'est aussi sans fondement, qu'on a prétendu que les scrofules sont contagieuses; cette assertion erronée répugne aux premières notions de la physique animale. Il n'existe pas d'exemple, que du pus pris sur un ulcère scrofuleux, ait produit une affection du même genre par l'inoculation. Les scrofules ne consistant pas dans un virus, mais dans une constitution particulière, ne sauraient en effet être communiquées par contagion.

Affections morbifiques dépendantes de la constitution scrofuleuse.

Les affections morbifiques auxquelles sont plus particulièrement sujets les individus scrofuleux, sont en très-grand nombre : parmi les plus communes, on distingue d'abord les tumeurs formées par l'engorgement des glandes lymphatiques du cou, des angles de la mâchoire, de la base de l'occiput, celles des glandes sou-clavières, souscapulaires, axillaires et inguinales; le tissu cellulaire qui environne ces glandes, est aussi susceptible de s'engorger et de devenir le siége de différentes tumeurs. Ces tumeurs, soit glanduleuses, soit celluleuses, peuvent se terminer par des ulcères d'un caractère plus ou moins mauvais, et plus ou moins opiniâtres. Il survient aussi assez fréquemment aux articulations, surtout à celles des pieds et des mains, des tumeurs produites par le gonflement des extrémités des os, et l'épaississement des ligamens articulaires, dont la terminaison est ordinairement fâcheuse. Les muscles eux-mêmes et les cartilages ne sont pas à l'abri d'être affectés. L'engorgement des glandes mésentériques donne lieu au carreau; celui des ganglions lymphatiques des poumons produit aux approches de la puberté la phthisie tuberculeuse.

Les exostoses, le ramollissement, la courbure et la carie des os, le rachitis, les gibbosités, les ophtalmies rebelles, auxquelles succèdent de petits ulcères de mauvaise nature au bulbe de l'œil et aux paupières, des taches à la cornée; la surdité produite par les croûtes que forme en s'épaississant dans les oreilles, l'humeur ténue qui en suinte continuellement; des lésions plus ou moins graves dans les différens viscères, des suppurations, des indurations, la fièvre étique, l'atrophie; enfin, une foule de désordres dans les parties intérieures et extérieures du corps; tel est le tableau des altérations auxquelles la constitution scrofuleuse peut donner naissance, et qui ne sont que des degrés variés de développement de cette même constitution, plus ou moins favorisé par l'âge, le sexe, les alimens mal sains ou peu nutritifs, une habitation non aérée, la malpropreté, et autres circonstances affaiblissantes.

Les bornes que je suis obligé de me prescrire dans cette dissertation, ne me permettant pas de traiter en particulier de chacune des altérations morbifiques dépendantes de la constitution scrofuleuse, je me contenterai, après avoir dit quelque chose du pronostic, et exposé le traitement général que je crois le plus propre à les prévenir, ou à les combattre quand elles se sont manifestées; je me contenterai, dis-je, d'examiner quelques unes des affections principales, telles que les tumeurs des glandes et des articulations, et les ulcères qui leur succèdent, le carreau, l'ophtalmie et le rachitis scrofuleux.

Pronostic.

Le pronostic des scrofules a été regardé comme presque toujours fâcheux. Il est certain que jusqu'ici ce genre d'affections est l'écueil et la honte de la médecine; le plus souvent elles laissent des traces hideuses et des infirmités cruelles, quand les malades ont le triste avantage d'échapper à la mort. Elles ne sont pourtant pas incurables; car elles guérissent quelquefois par les seules forces de la nature. Le travail de la puberté opère souvent des crises heureuses. Pourquoi donc les secours de l'art, convenablement dirigés, c'est-à-dire, de manière à exciter et soutenir les efforts de la nature, ne réussiroient-ils pas à les guérir plus fréquemment? Les scrofules ne paraissent si opiniâtres, que parce qu'on n'attaque communément que leurs symptômes, et qu'on néglige la constitution qui les engendre.

On déduit ordinairement le pronostic de l'âge du malade, de son sexe, de l'état plus ou moins avancé de la maladie, de la nature des parties intéressées, et des diverses complications.

Les jeunes sujets guérissent toujours plus facilement que les adultes. La révolution de la puberté est assez souvent favorable aux garçons. L'apparition des règles et le mariage produisent aussi quelquefois une solution complète de la maladie chez les filles; mais passé l'âge de puberté, la cure des scrofules est infiniment difficile. Il arrive même que si elles ne sont pas guéries à cette époque, leur état est aggravé : la phthisie mésentérique et la phthisie pulmonaire font alors des progrès très-rapides.

Les tumeurs glanduleuses, ainsi que celles du tissu cellulaire et des petites articulations, sont ordinairement peu dangereuses; mais les lésions des grandes articulations, des vertèbres, des côtes, des os du crâne, sont plus graves. On regarde surtout le pronostic comme fâcheux, si les poumons, le mésentère ou quelqu'autre viscère important, sont affectés, et si, à ces affections, se joint une fièvre étique considérable.

La maladie vénérienne et le scorbut forment des complications funestes. La petite vérole et même la vaccine amènent quelquefois une terminaison parfaite des scrofules et particulièrement du carreau. (*Voyez* Moreau. Traité de la Vaccine.)

Méthode curative générale.

Parmi les remèdes nombreux auxquels on a

attribué une vertu spécifique contre les scrofules, les eaux minérales sulfureuses, martiales ou salines, l'eau de la mer, les différentes préparations du mercure, de l'or, du fer et de l'antimoine, occupent le premier rang. Viennent ensuite le soufre, les alcalis, une grande quantité de sels neutres, tels que les sulfates de potasse, de soude et de magnésie; les nitrates de potasse, de chaux et de magnésie; les carbonates de soude, de chaux et d'ammoniaque; les muriates de soude, de chaux, de magnésie et d'ammoniaque; l'eau de chaux, les différens savons, etc. A cette série des substances anti-scrofuleuses, on a ajouté un grand nombre de plantes prétendues douées de la même propriété, telles que la scrofulaire (15), le gayac, la salsepareille, la digitale, la douce amère, la morelle, la fumeterre, le tussilage, l'oseille, la ciguë, le quinquina, l'absinthe, la gentiane, le houblon, et autres amers; les anti-scorbutiques, tous les différens apéritifs, ou prétendus fondans, et enfin l'électricité. Il faut joindre à cette nomenclature l'extrait d'aconit préconisé par *Stork*, et le muriate de Barite qui fixe depuis quelques années l'attention des médecins.

Jetons un coup-d'œil rapide sur quelques uns

---

(15) Arnauld de Villeneuve prétend que la racine récente de scrofulaire, mangée tous les matins pendant dix jours, guérit infailliblement les écrouelles. L'expérience n'a pas sans doute confirmé l'efficacité de cette plante, puisqu'elle est aujourd'hui comme abandonnée.

de ces principaux médicamens, et tâchons d'évaluer au juste leur manière d'agir, et leur utilité réelle dans le traitement des scrofules.

Les eaux minérales, soit en boisson, soit en bain, peuvent avoir quelques avantages dans le traitement des scrofules, par la raison qu'on les prend communément dans des lieux plus élevés que ceux où règne ce genre de maladie. L'air plus vif, et surtout moins humide qu'on y respire, réuni d'ailleurs à l'exercice qui accompagne toujours l'usage des eaux minérales, est par cela même très-propre à seconder les effets plus ou moins excitans de ces eaux sur l'économie animale. Mais rien ne prouve que les substances salines qui sont en dissolution dans les eaux minérales, leur donnent une propriété spécifique pour la guérison des scrofules. Les bains domestiques d'eau de rivière ou de fontaine, pris dans des lieux très-élevés, et dans une saison convenable, semblent être aussi efficaces que les bains minéraux.

L'eau de la mer, particulièrement recommandée par *Russell*, médecin hollandais, ne paraît pas jouir non plus d'une supériorité de vertu anti-scrofuleuse sur les bains d'eau commune. Il est moins que démontré que les sels qu'elle contient (16), et dans lesquels on place sans doute la

(16) L'eau de la mer, suivant l'analise de *Gaubius*, contient par livre environ trois gros sept grains de muriate de soude ; dix grains de sulfate de magnésie. *Gaub. de rebus in scientiis nat. et med.* Gestis. vol. 18, page 470.

vertu fondante, ou la vertu stimulante, soient absorbés par les vaisseaux inhalans de la surface du corps, au moyen du bain. Je pourrais citer, à l'appui de cette assertion, quelques faits que les bornes d'un essai tel que celui-ci m'obligent de passer sous silence. Mais en supposant la possibilité et l'utilité de l'absorption d'une portion de muriate de soude, par exemple, ou en ne considérant le bain dans l'eau de la mer que sous le rapport stimulant à la surface de la peau, n'est-on pas en droit d'attendre les mêmes effets et de plus grands encore, des bains d'eau de rivière ou de fontaine, dans lesquels on pourrait faire dissoudre une quantité de muriate de soude plus considérable que celle qui se trouve dans les eaux de la mer? On aurait d'ailleurs l'avantage de prendre ces bains dans un air plus favorable que celui qu'on respire sur les bords de la mer, et de faire concourir d'autres circonstances propres à fortifier et prolonger l'effet supposé stimulant de ces mêmes bains. Je remarquerai de plus que la manière d'agir des bains froids, semble exclure toute idée d'absorption; et dans ce cas l'eau commune froide peut avoir les mêmes avantages que l'eau de la mer.

Plusieurs substances métalliques, telles que le mercure, l'or, le fer, l'antimoine, etc. jouissent depuis long-tems de la réputation de posséder une vertu spécifique contre les scrofules, et en général, contre toute sorte d'épaississement lymphatique.

On a généralement attribué cette propriété à l'action de leur pesanteur, qui divise et atténue les molécules du fluide épaissi, en même tems que les solides peuvent en être stimulés. Telle est entr'autres l'opinion de *Boerhaave* et de ses prosélytes sur le mercure; de *Sauvages* sur le fer; de *Pitcarn*, de *Lalouette*, sur l'or, qui est aussi recommandé par *Baumes* (17), comme étant le plus parfait et le plus pesant des métaux, etc.

Il suffira d'observer, pour démontrer la fausseté de ce point de doctrine thérapeutique, qu'un seul grain de muriate suroxigéné de mercure, produit des effets bien plus grands, bien plus énergiques, effets qui sont précisément de la nature de ceux qu'on attribue à la pesanteur, qu'un gros de mercure cru, quoique celui-ci ait une pesanteur qui surpasse au moins soixante fois celle du premier.

On a aujourd'hui des idées plus conformes aux lois de l'économie animale, et des vues plus rationnelles sur la manière d'agir des substances métalliques et des médicamens en général. Les Anglais modernes, et un grand nombre de médecins Français, considèrent le mercure, l'or, le fer, etc. comme agissant seulement par leur vertu stimulante sur le système lymphatique. Ce n'est pas en incisant, en atténuant les humeurs, que les médicamens agissent; mais en excitant, en

(17) Voy. son mém. sur le vice scrof. couronné en 1788 par la sociét. roy. de méd. de Paris.

modifiant les propriétés vitales. Peut-être, dira-t-on, que les eaux minérales, l'eau de la mer, le mercure, l'antimoine, le fer, et l'or lui-même ont d'autres vertus médicinales contre les scrofules, que celles que l'on attribue aux sels contenus dans les eaux minérales ou l'eau de la mer et à la pesanteur des substances métalliques.

Si nous consultons sur ces objets *Cullen*, après 40 ans d'une pratique fort éclairée, et d'une étude approfondie des maladies et de leur traitement, il nous dira qu'il n'a jamais vu dans aucun cas, la durée des scrofules abrégée par l'usage des eaux minérales. Il nous apprend encore, qu'il a essayé un grand nombre de fois dans ces sortes de cas, l'eau de la mer, mais qu'il ne lui a point trouvé de vertu supérieure.

Quant au mercure et à l'antimoine sous quelques formes qu'ils ayent été administrés, il n'a pu apercevoir qu'ils ayent été utiles dans les scrofules. Il ajoute même que l'usage du mercure a été évidemment contraire, lorsqu'il s'est rencontré un léger degré de fièvre (18).

On a beaucoup prôné, depuis quelque temps en Allemagne, en Angleterre, en France, les vertus anti-scrofuleuses du muriate de Barite. Si ce remède a eu quelque succès, ce n'est que comme stimulant, et réuni à d'autres moyens généraux fortifians. Le nombre des observations

---

(18) Méd. prat. tome 2, page 611 et suivantes.

ne paraît pas être encore suffisant pour constater d'une manière positive son spécifique. Sa manière d'agir est d'ailleurs si lente, qu'on se serait en quelque façon autorisé à rapporter ses succès apparens aux seules forces de la nature. Bien plus, l'administration de cette substance demande tant de prudence et de discernement, à cause de ses propriétés délétères, qu'il est encore douteux, si elle ne mérite pas plutôt d'être exclue de l'usage médical.

Quant aux alcalis, comme neutralisans, on doit d'autant moins compter sur leur efficacité, que le principe de vie modifie toujours d'une manière particulière les effets des agens chimiques, si elle ne subjugue pas entièrement leur action. L'utilité des alcalis se borne, ainsi que celle des différens sels neutres, à la vertu stimulante; considérés même sous ce rapport, ils ne peuvent réussir seuls, il faut le concours d'autres moyens d'une énergie plus directe et plus constante.

« Pour bien diriger les applications de la chimie « au corps humain, dit un chimiste aussi sage « qu'éclairé, (19) il faut réunir des vues saines « sur l'économie animale à des idées exactes de « la chimie : il faut subordonner les résultats du « laboratoire aux observations physiologiques, et « tâcher d'éclairer les uns par les autres. . . . .

(19) *Chaptal*, discours prélim. de ses élémens de chimie, pages 82 et 83.

« C'est pour s'être écarté de ces principes, qu'on « a regardé le corps humain, comme un corps « mort et passif, et qu'on y a appliqué les prin- « cipes rigoureux qui s'observent dans les opéra- « tions du laboratoire. . . . Il convient d'être « sobre, ajoute ce célèbre chimiste, sur l'appli- « cation de cette science (la chimie), à tous les « phénomènes qui dépendent essentiellement du « principe de vie ».

Mais supposons pour un moment que l'action vitale permette les combinaisons chimiques, et qu'au moyen du carbonate ou du muriate d'ammoniaque, par exemple, ou bien du muriate calcaire tant vanté depuis peu, il soit possible d'enlever de l'économie animale, l'excès d'acide que l'on suppose être la cause productrice de tous les désordres dans les scrofules : la maladie sera-t-elle par-là radicalement guérie ? Non sans doute, les causes qui ont donné lieu à la formation de cet acide dans l'intérieur de l'économie, c'est-à-dire la débilité et l'atonie de la constitution, n'en subsisteront pas moins ; ce sont ces vices du système chez les scrofuleux, qu'il s'agit de détruire, ce que ne peuvent faire les alcalis, les sels neutres, ni tous les prétendus fondans et apéritifs, soit minéraux, soit végétaux.

Après avoir tâché de déterminer l'origine des scrofules et leur véritable caractère, après avoir essayé d'apprécier la manière d'agir des principaux médicamens auxquels on a attribué une vertu spécifique pour la curation de ce genre d'affections, et fait voir qu'il n'en est aucun qui jouisse réellement de cette propriété, il me reste à parler des moyens vraiment curatifs, d'une méthode anti-scrofuleuse vraiment efficace.

Dans une maladie, comme les scrofules, où la mollesse et la laxité des chairs, l'inertie des solides en général, la lenteur dans le mouvement de la lymphe, son accumulation et son épaississement dans les vaisseaux et dans les glandes lymphatiques, dans une maladie, en un mot, dont tous les caractères annoncent un état d'atonie générale si prononcé, surtout dans le système lymphatique, s'il y a des moyens de la combattre efficacement, il faut les chercher dans la classe de ceux qui jouissent de la propriété d'exciter et de soutenir d'une manière stable et permanente, l'énergie des forces vitales.

Les eaux minérales, l'eau de la mer, le mercure et autres stimulans ou toniques, possèdent il est vrai, cette propriété jusqu'à un certain point; mais leurs effets ne sont pas assez durables, assez permanens. Voilà pourquoi ces substances médicamenteuses échouent presque toujours dans le traitement des scrofules.

S'il est vrai, comme je le pense, et comme l'observation le prouve d'une manière incontestable, que les scrofules ne soient que le développement de la constitution scrofuleuse, tant que cette cause subsistera, en vain espérerait-on une guérison radicale ? Le seul moyen de l'obtenir, c'est d'extirper la racine du mal. Il faut dénaturer le scrofuleux, il faut anéantir cette constitution originelle, ou du moins la modifier de manière à s'opposer aux progrès de son développement.

Parmi les moyens capables d'opérer un si grand changement dans la constitution humaine, on doit placer au premier rang une longue habitude de vivre dans un climat où l'air a des qualités opposées à celles qui donnent naissance à la constitution scrofuleuse, air que nous avons dit être un peu vif, le plus souvent froid, mais plus humide encore que froid.

C'est donc l'usage habituel d'un air sec, modérement chaud et élastique, que je propose comme le moyen le plus puissant de changer la constitution scrofuleuse, de remédier aux effets de son développement, et de les prévenir. Cet air sec, vif et élastique, se rencontre sur les plaines élevées et ouvertes à tous les vents, qui sont fort éloignées de la mer, dont le sol est aride, et où il n'existe aucune cause extraordinaire d'humidité.

Les effets salutaires de l'air qui jouit de ces qualités, se manifestent d'une manière très-évidente sur les habitans des lieux secs et élevés, par la roideur de leur fibre, la fermeté de leur chair, par la force et la vigueur qui les caractérisent. En traversant nos montagnes, on éprouve sensiblement un surcroit d'activité, les forces et l'appétit augmentent considérablement.

L'état particulier de vigueur du système parmi les habitans des plateaux et des endroits élevés, contraste d'une manière bien remarquable, avec celui que nous appelons la constitution scrofuleuse, et dont nous reconnaissons l'origine dans l'humidité froide de l'atmosphère et du sol.

L'air sec, vif et élastique que l'on respire sur les vastes plaines et sur les hautes montagnes, agit donc de la manière la plus directe et la plus énergique sur la cause radicale des scrofules, en excitant et en soutenant à un très-haut degré les forces vitales.

On augmentera l'influence fortifiante de l'air, pendant l'été, par une nourriture forte, succulente, telle que le pain bien fermenté, les viandes faites, le bœuf, le mouton, les gibiers dont la chair est fort colorée, etc. les assaisonnemens aromatiques; par l'usage des boissons froides et spiritueuses, du bon vin surtout, par les exercices variés, les frictions sèches ou avec des substances aromatiques, et par l'habitude des travaux un peu rudes en plein air.

Le reste de l'année, où l'air des hautes montagnes est froid et humide, à cause des pluies et des neiges continuelles, il faut aller habiter un climat éloigné de la mer, des montagnes, et de toute sorte d'humidité, où l'air soit vif, sec et modérement chaud, comme il est dans certains départemens méridionaux de la France.

Pendant que le scrofuleux éprouve la salutaire influence du climat et du régime dont il vient d'être parlé, il pourra renforcer ces effets par les moyens médicamenteux qui ont la propriété d'agir dans le même sens, c'est-à-dire par les stimulans et les toniques. C'est ici que les bains, soit avec les eaux minérales, soit avec l'eau de fontaine ou de rivière, peuvent trouver leur place. On fera concourir au même but l'usage des martiaux, des amers et des toniques en général, parmi lesquels l'élixir anti-scrofuleux du professeur *Peyrilhe* mérite sans contredit la préférence, comme éminemment stimulant et tonique (20). L'électricité, recommandé par *Underwood* et autres, peut aussi être utile pour donner du ressort aux solides, et favoriser l'action des autres remèdes.

Tel est l'ensemble général des moyens curatifs anti-scrofuleux qui me paraissent les plus propres et les seuls capables de combattre avec succès la constitution scrofuleuse et les différentes affections qui en dépendent.

Mais ces moyens, vraiment curatifs, pour produire tout le fruit qu'on est en droit d'en attendre, doivent être employés avec discernement, avec

(20) Cet élixir est composé d'une forte infusion de gentiane, dans du vin et de l'eau-de-vie, et de cristaux de soude.

intelligence, et surtout continués pendant long-tems.

La réunion des plus énergiques est indiquée dans la première période des scrofules, c'est-à-dire dans le tems où l'atonie, augmentée des vaisseaux et des glandes lymphatiques, donnant lieu à l'accumulation des sucs que ces organes reçoivent abondamment, il se manifeste dans différentes parties du corps, des tumeurs plus ou moins grosses et rénitentes, dont il faut procurer la solution en attaquant directement la débilité du système qui leur donne naissance, par les moyens propres à changer la constitution.

Le long séjour du fluide lymphatique dans les cavités inertes qui le renferment, lui faisant éprouver par cela même différens modes d'altération, il en résulte enfin un état de putrescence qui détermine l'ouverture des tumeurs et leur *suppuration;* et cet état constitue une seconde période dans le cours où la durée des scrofules qui indique la nécessité de choisir parmi les moyens propres à exciter l'énergie des forces vitales, soit dans tout le système, soit régulièrement dans les parties affectées, ceux qui peuvent s'accorder avec la seconde période de la maladie.

Quand le siége du mal, ou le foyer suppurant, se trouve, par exemple, dans les glandes lymphatiques du mésentère ou des poumons, alors la fièvre étique s'allume, à cause du passage du liquide purulent dans le système vasculaire. Cette fièvre, qui a communément deux exacerbations dans chaque vingt-quatre heures, l'une vers midi et l'autre vers le soir, mine peu-à-peu les forces du malade; et si on ne parvient à arrêter ses progrès, en détruisant la cause qui l'a produite, elle le conduit infailliblement au tombeau. Dans cette circonstance, les moyens proposés pour combattre la maladie dans sa première période, produiraient un effet funeste, si on les employait sans aucune modification, en augmentant l'intensité de la fièvre étique; d'où résulteraient un épuisement plus considérable et plus prompt des forces du malade, un dépérissement plus rapide, et l'accélération de la mort. Les moyens curatifs convenables à la seconde période des scrofules, trouveront successivement leur place dans les articles suivans, où nous traiterons en particulier des affections principales dépendantes de la constitution scrofuleuse.

Des tumeurs et des ulcères scrofuleux qui ont leur siége dans les glandes lymphatiques.

Les tumeurs particulières aux individus d'une constitution scrofuleuse, se manifestent le plus communément aux glandes lymphatiques du cou, des aînes ou des aisselles; il s'en forme aussi dans le tissu cellulaire immédiatement sous la peau, et aux mamelles des femmes. Ces tumeurs ont une figure sphérique ou ovale; leur volume est plus ou moins considérable depuis celui d'un pois, d'une d'une noisette, jusqu'à la grosseur d'un œuf de poule et même plus ; elles sont molles, un peu élastiques, mobiles, sans douleur, et n'altèrent point la couleur de la peau.

Ces tumeurs paraissent ordinairement au printems, et se dissipent quelquefois d'elles-mêmes dans le cours de l'été suivant, pour reparaître de nouveau au printems qui lui succède : elles restent ainsi stationnaires pendant un, deux et même trois ans ou plus.

D'autres fois, dans le courant de l'année de leur première apparition, ou dans l'année suivante, ces sortes de tumeurs s'étendent en largeur et perdent leur mobilité. La peau qui les recouvre prend une couleur rouge plus ou moins foncée ; rarement vermeille. Peu à peu la rougeur augmente, les tumeurs sans devenir douloureuses se ramollissent graduellement, et l'on y sent une fluctuation. Enfin, une partie de la peau devient plus pâle, plus mince, et il se fait une ou plusieurs petites ouvertures d'où découle une matière liquide d'abord puriforme, mais qui, à mesure qu'elle s'évacue, prend le caractère d'une sérosité visqueuse mêlée de petites concrétions blanchâtres, et comme caséeuses.

La tumeur s'affaissant presque entièrement par degrés, l'ulcère s'ouvre davantage, et s'étend en divers sens, sans garder de circonscription régulière. Les rebords, tant en dedans qu'en dehors sont ordinairement applatis et unis, et deviennent rarement calleux. En général, ces ulcères ne sont ni fort larges, ni fort profonds; mais ils sont très-difficiles à se cicatriser.

Souvent ils restent long-tems dans cet état, sans montrer de tendance à guérir ou à devenir d'un plus mauvais caractère. Il se forme alors dans différentes parties du corps de nouvelles tumeurs qui se terminent par de nouveaux ulcères semblables aux premiers.

Cependant, quelques uns des premiers ulcères se cicatrisent, tandis que l'on voit se former d'autres tumeurs et d'autres ulcères dans leur voisinage, ou dans d'autres parties du corps; quelques uns de ces ulcères, se cicatrisent au moins jusqu'à un certain point, pendant le cours de l'été, pour se rouvrir spontanément le printems suivant. D'autres fois, ces ulcères subsistent toujours; mais ils sont remplacés au printems par de nouvelles tumeurs et de nouveaux ulcères.

Cette succession dure ainsi très-communément quatre ou cinq ans, au bout duquel tems, la guérison arrive d'elle-même. Alors les premiers ulcères se cicatrisent, et il ne paraît plus de nouvelles tumeurs. La maladie cesse ainsi entièrement, et il n'en reste que quelques cicatrices indélébiles, pâles et unies, mais ridées en certains endroits.

Telle est, selon *Cullen*, la marche et la terminaison des tumeurs et des ulcères scrofuleux.

Mais souvent la maladie est plus violente: les tumeurs paraissent en grand nombre, et font des progrès rapides ; elles sont dures, douloureuses, fixes et adhérentes ; elles éprouvent une sorte de mouvement intestin et deviennent d'un rouge livide ; elles s'ouvrent enfin et forment des ulcères d'une mauvaise qualité, qui donnent issue à une humeur sanieuse, d'une odeur aigre ; les bords de ces ulcères sont durs, inégaux, ce qui rend leur rapprochement, et par conséquent la cicatrisation impossibles.

Le but qu'on se propose dans les tumeurs glanduleuses, est de les dissiper, de les faire disparaître. Deux moyens conduisent ordinairement à cette fin, savoir la *résolution* ou la *suppuration*.

Le premier de ces effets est souvent produit par les seules forces de la nature, ou bien on tâche de produire l'un et l'autre par des médicamens intérieurs, ou par des topiques. Mais on ne cherche à exciter la suppuration, qui dans les tumeurs scrofuleuses vulgairement appelées humeurs froides, est lente et difficile, dont les suites sont même souvent désagréables, que lorsqu'on n'a pu obtenir la résolution ; quand ces tumeurs sont récentes, superficielles, mobiles, un peu molles et élastiques, d'un petit volume, et qu'il n'y a ni inflammation ni douleur, on se contente ordinairement pour en provoquer la résolution, d'employer les médicamens internes ou généraux, sans recourir aux topiques.

Les médicamens internes ou généraux adoptés par le plus grand nombre de médecins contre les scrofules, sont la saignée, les délayans, les apéritifs, les attenuans, les purgatifs et autres évacuans, auxquels on entremêle vers la fin du traitement quelques légers toniques, dont l'affaiblissement progressif des malades nécessite enfin l'emploi. A cette méthode de traitement qui est bien évidemment débilitante, on fait concourir un régime analogue.

« Le traitement du vice scrofuleux dans la « première période de maux qu'il occasionne, dit « *Baumes*, étant relatif aux altérations connues « des humeurs, ne contient qu'une seule indica- « tion, celle d'atténuer convenablement la lymphe « et d'évacuer régulièrement les produits de cette « atténuation. » Il prescrit en conséquence les fondans, précédés des délayans et des apéritifs tempérans et savonneux, les émétiques, les purgatifs, les sudorifiques et les cautères. Après avoir exposé les avantages de ces médicamens, *Baumes* ajoute : « La disparition des tumeurs annonce la « fluidité requise de la lymphe, et la résolution « des embarras glanduleux; le tems est venu « d'employer les fortifians pour réserver les so- « lides, et leur donner le degré d'élasticité qu'ils « ont perdu par la maladie. » Ici, il conseille enfin les toniques, parmi lesquels il recommande particulièrement les pilules toniques de *Lalouette* : tels sont les remèdes qui font la base du traitement consacré dans le mémoire du professeur de Montpellier.

Cette doctrine, qui ne considère comme principe morbifique des scrofules, que l'état d'épaississement de la lymphe, sans faire aucune attention à la débilité générale si fortement prononcée qui accompagne cet épaississement lymphatique, et qui en est la véritable cause; cette doctrine, dis-je, quoique présentée par un homme du plus grand talent, et avec l'appareil le plus séduisant d'érudition, n'est guère propre à nous éclairer sur la nature de ce genre d'affections, et nous fournit des moyens bien peu efficaces de les guérir. L'auteur ne semble-t-il pas en reconnaître lui-même l'inutilité, lorsqu'en terminant l'exposition de sa méthode curative, il nous dit: « Le traite-« ment que nous avons proposé, quoique très-« méthodique, n'est pas pour l'ordinaire suffisant, « quoiqu'il ait réussi en apparence; et pour déra-« ciner la maladie entièrement, nous proposons « de la reprendre l'hiver suivant. »

Les scrofules, soit avant, soit après leur développement, étant essentiellement dues, suivant nos principes fondés sur l'observation, à un état d'atonie de tout le système, et particulièrement du système lymphatique, il est évident que cet état naturel de débilité générale ne doit pas être séparé de l'idée qu'on se forme de la constitution scrofuleuse et de la nature des affections qui en dépendent, et qu'il en constitue au contraire le caractère fondamental. D'après cette considération, il est aisé d'apprécier les effets qui peuvent résulter d'une méthode curative affaiblissante contre une maladie dont le caractère essentiel est un état de débilité de la constitution.

Aussi cette méthode est-elle presque toujours infructueuse. « La méthode des fondans, dit le « docteur *Brieude*, ne réussit presque jamais. Les « mucilagineux, les adoucissans, les émolliens, « rendent la maladie plus grave. Ce n'est qu'à « l'époque de la puberté que la guérison s'opère « d'elle-même. » (*Mém. cité.*)

Cullen nous assure aussi qu'il n'a jamais remarqué qu'aucun des moyens curatifs les plus recommandés, ait contribué à abréger la durée de la maladie, mais qu'elle disparaît d'elle-même après un tems plus ou moins long; ce qui lui fait dire avec sa candeur ordinaire : *Nous ne connaissons aucune méthode certaine de guérir les écrouelles, où au moins qui réussisse généralement.*

Il déclare pourtant que le bain froid paraît avoir été plus utile qu'aucun autre remède dont il ait vu faire usage; or, le bain froid est un tonique dont la propriété est entièrement opposée à celle des médicamens généralement adoptés.

La méthode de traitement que je propose, me paraît basée sur des notions plus précise du véritable caractère des maladies scrofuleuses, que celles que l'on trouve en général dans les auteurs.

Cette méthode consiste dans la réunion des moyens les plus efficaces pour exciter à un haut dégré, et soutenir d'une manière permanente l'énergie des forces vitales dans tout le système; ces moyens, que j'ai déjà exposés dans le traitement général des scrofules, sont une longue habitude de vivre dans un climat où l'air soit vif, sec et modérément chaud, une nourriture substantielle, des boissons froides et spiritueuses prises avec modération, l'exercice varié, les frictions, et des travaux un peu pénibles en plein air; on y joindra avec avantage l'emploi des préparations de fer, de mercure et d'antimoine à très-petite dose, de manière qu'elles n'excitent aucune évacuation bien sensible; l'usage bien entendu des bains, le quinquina, le vin d'absinthe et de gentiane, plante si commune dans nos montagnes qu'il semble que la nature l'ait destinée à réparer par sa vertu tonique la débilité de la constitution d'une partie des habitans; enfin, toutes les substances qui jouissent de quelque propriété stimulante ou tonique peuvent être employées avec la même utilité.

L'emploi des médicamens externes est aussi dirigé par les mêmes vues; c'est-à-dire, par la considération de l'atonie des solides.

Les tumeurs qui sont petites, mobiles, superficielles, un peu molles et indolentes, qui ne causent aucun embarras et ne lèsent aucune fonction, doivent être abandonnées à la nature. Mais si ces tumeurs deviennent fort grosses, et qu'elles acquièrent beaucoup de dureté, il faut y appliquer des substances résolutives, ou pour mieux dire, légèrement stimulantes, dans la vue de ranimer l'action des vaisseaux de la partie tuméfiée, et de lui donner par-là une force et une chaleur vitales suffisantes pour fluidifier l'humeur accumulée et épaissie, de telle manière qu'elle puisse rentrer dans le torrent de la circulation, ou être exhalée au-dehors.

Pour provoquer cette terminaison de la tumeur glanduleuse qu'on appèle résolution, on se sert des substances auxquelles on attribue communément la vertu résolutive ou stimulante, telles que le sureau, le marrube, la camomille, la sauge, la menthe, la farine de lupin, la lie de vin, etc. mais comme il arrive le plus souvent que ces topiques employés sous forme de fomentation, de bouillie ou de cataplasme, sont insuffisans pour résoudre ces sortes de tumeurs, on a recours à d'autres moyens, qu'on regarde comme plus stimulans et plus actifs, tels que différentes préparations de mercure, d'antimoine, l'ammoniaque seule ou combinée avec l'acide acétique, l'emplâtre vésicatoire, celui de ciguë, la ciguë fraîche, la morelle, la digitale, les feuilles vertes de noyer pilées, écrasées toutes fraîches, et appliquées ainsi sur la tumeur, les savons, les gommes, etc. Il faut ajouter ici les feuilles de la petite oseille indiquées par les auteurs anglais, et dont le professeur *Pinel* rapporte avoir retiré quelque succès.

Ces différens médicamens sont en général fort irritans et jouissent de plus ou de moins de réputation, en qualité de résolutifs, contre les tumeurs scrofuleuses, suivant qu'ils ont été employés dans des circonstances plus ou moins favorables à la résolution spontanée de ces tumeurs, comme, par exemple, pendant le cours d'un ou plusieurs étés consécutifs, ou bien pendant un long usage des bains d'eau thermale, ou d'eau commune dans une saison chaude, durant laquelle, comme l'observe *Cullen*, ces tumeurs se dissipent naturellement d'elles-mêmes, et sans le secours de l'art. Il est du moins peu d'exemples où les topiques en aient hâté la résolution, ou qu'elles se soient résoutes pendant leur emploi avant l'époque où elles ont coutume de se dissiper spontanément par l'effet de l'action vitale augmentée dans tout le corps par la chaleur du soleil, ou par la révolution de la puberté.

Mais cette résolution n'arrive jamais, selon *Cullen*, quand ces sortes de tumeurs ont acquis un certain degré d'inflammation, soit spontanément, soit par l'action des topiques; voilà pourquoi, dit cet auteur, les bouillies, qui produisent communément l'inflammation, empêchent ces tumeurs de se résoudre, comme il aurait pu arriver si on n'y avait pas eu recours.

Lorsque malgré ces différens topiques, la tumeur grossit, qu'elle est devenue fort dure, rouge et douloureuse, alors on se décide à la faire suppurer, et on emploie pour cela les mêmes moyens qui ont été employés inutilement pour la résoudre;

c'est-à-dire les stimulans plus ou moins actifs. La tumeur ouverte ou suppurante est ce qu'on nomme ulcère.

Le sommet de ces tumeurs, avant de s'ouvrir, reste long-tems, même des années entières, mol et insensible. Ces tumeurs se percent enfin par un ou deux trous fistuleux, qui rendent une humeur sanieuse et d'une odeur aigre ; à côté de ces trous fistuleux, il pousse des mamelons fongueux et rougeâtres ; cela dure ainsi plusieurs mois avant que la base de la tumeur se ramollisse ; quelquefois même l'ulcère se ferme avant que cette base se soit fondue, et alors il se forme sur cette même base une cicatrice dure et inégale qui demeure ainsi toute la vie ; l'humeur qui découle des tumeurs ouvertes forme en s'épaississant une croûte qui couvre les trous fistuleux, ainsi que les chairs fongueuses, ce qui empêche le liquide qui y est contenu d'en sortir. Le malade sent des démangeaisons au-dessous de ces croûtes qui semblent lui annoncer une guérison très-prochaine, et qui sont au contraire le prélude d'une nouvelle suppuration qui se prépare. Si ces dépôts suppurans sont nombreux ou abondans, ils donnent lieu à une fièvre étique qui consume insensiblement les chairs et les forces du malade.

Tel est, selon le savant auteur de la topographie médicale de la Haute-Auvergne, la marche de l'ulcère scrofuleux; voici quels sont ses caractères: il est fongueux, fistuleux et indolent; sa croûte ressemble à celle de la teigne, elle en a l'odeur aigre. La sanie qui en découle a la même odeur, la même couleur, la même consistance. Le pus dans les suppurations scrofuleuses, est renfermé dans des espaces ronds et séparés, et ressemble à des concrétions caséeuses.

Avant de chercher à guérir les ulcères scrofuleux, il faut d'abord attaquer l'affection générale du système, il faut tenter de changer la constitution morbifique par l'usage des remèdes fortifians, dont l'expérience, dit *Bell*, a prouvé l'efficacité dans cette circonstance. Jusque-là, continue-t-il, on ne doit, quant au traitement des ulcères, que chercher les moyens de procurer autant qu'il est possible une libre issue au pus, pour prévenir les sinus.

L'indication principale une fois bien remplie, on emploie pour fondre les duretés et les callosités des ulcères scrofuleux, des médicamens irritans ou escarrotiques; tels que l'arsenic, l'oxide de mercure rouge, le muriate suroxigéné de mercure ou d'étain, le nitrate d'argent fondu, le sulfate d'alumine calciné que *Cullen* regarde comme le plus utile, etc.

Ces caustiques produisent quelquefois les effets qu'on en attend; mais ils donnent souvent lieu à l'ulcère de s'étendre. On a proposé pour remédier à cet accident, les préparations de plomb, comme l'acétate de plomb, soit sous forme liquide (eau végéto-minérale) soit sous forme de cérat ou d'onguent. Le même topique est aussi recommandé, comme très-propre à écarter l'inflammation qui, selon *Bell*, ne manque pas de paraître, quand on se sert de médicamens relâchans ou émolliens.

Si les bords de l'ulcère deviennent enflés et douloureux, si la matière qui en sort est âcre et corrosive, suivant l'expression vulgaire, et si, au-dessous de l'ulcère, se trouve un os, alors on peut présumer que cet os est carié, et on tâche d'en procurer l'exfoliation par les moyens usités, en même tems qu'on soutient et qu'on augmente les forces vitales par des médicamens et un régime fortifians.

Quand les duretés sont fondues et qu'il n'y reste pas beaucoup d'inflammation, on favorise la cicatrisation de l'ulcère, en exerçant une légère compression sur ses bords tuméfiés, suivant le précepte de *Bell*.

Mais de tous les topiques communément employés pour la guérison des ulcères scrofuleux, celui que *Cullen* a trouvé le plus utile, est l'eau froide, dont on imbibe un linge que l'on tient continuellement mouillé sur l'ulcère.

Des tumeurs et des ulcères scrofuleux des articulations.

Les articulations de la cuisse avec la jambe, de la jambe avec le pied, du bras avec l'avant-bras, de ce dernier avec la main, et surtout celles des pieds et des mains, sont les siéges ordinaires des tumeurs scrofuleuses. Ces sortes de tumeurs embrassent circulairement et d'une manière uniforme l'articulation, en interrompent les mouvemens et présentent une dureté osseuse. Leur formation s'annonce quelque tems à l'avance, par des douleurs de tête et des reins. Le gonflement est d'abord peu considérable, mais il augmente graduellement. La partie qui est le siége du mal devient très-douloureuse. La douleur, suivant la remarque de *Bell*, paraît concentrée dans un point et le plus ordinairement vers le milieu de l'articulation ; de sorte que les malades disent qu'ils couvriraient l'endroit douloureux avec une petite pièce de monnoie. La fièvre étique se déclare : le gonflement devient de plus en plus apparent; la tumeur parvient enfin à s'ouvrir, et il s'y forme un trou fistuleux qui donne issue à une sanie ténue et fétide, mêlée de vermoulure carieuse. Alors la douleur de la partie diminue et se dissipe peu-à-peu; mais elle reparaît lorsque le trou se ferme ou qu'il s'y fait une nouvelle carie.

La durée de cette maladie est de plusieurs années et quelquefois de toute la vie. Les ulcères des articulations sont plus dangereux et plus rebelles que ceux qui sont la suite des tumeurs glanduleuses. Souvent la maladie se termine par des soudures ou des ankiloses des articulations affectées.

L'opinion la plus généralement reçue sur la nature des tumeurs scrofuleuses des articulations, est que ces tumeurs sont formées par le gonflement et la carie des os. En effet, lorsqu'on les touche, on leur trouve une si grande dureté, qu'on est naturellement porté à penser que cette dureté appartient aux os et non aux muscles ni aux ligamens. Ces parties se tuméfient, se roidissent aussi dans les progrès du mal; mais ce n'est pas par elles que l'affection commence. Les dissections ont appris que ces tumeurs sont plutôt l'effet de la carie qui commence à l'intérieur des os, que la carie n'est l'effet des tumeurs. La même cause qui donne lieu aux tumeurs des glandes lymphatiques ou du tissu cellulaire, produit dans les os spongieux des articulations le gonflement et la carie qui en est la suite, je veux dire l'atonie considérablement augmentée des vaisseaux du système osseux.

Les remèdes émolliens, fondans, atténuans, résolutifs, etc. sont aussi inutiles contre les tumeurs scrofuleuses des articulations que contre celles des glandes lymphatiques. Les stimulans même les plus actifs, opèrent rarement une cure radicale. La lessive de cendres de sarment, ou tout autre lessive alcaline, les cataplasmes de cresson, d'oseille ou de soponnaire, les fomentations savonneuses, l'application de compresses imbibées d'eau froide, et autres topiques recommandés par les différens auteurs, ainsi que les bains aromatiques, ne sont pas plus efficaces.

L'inutilité de tous ces remèdes a porté les médecins et les chirurgiens à chercher d'autres moyens curatifs, capables de détruire la carie qu'ils ont reconnu être la cause des tumeurs scrofuleuses des articulations.

Ponteau propose le cautère actuel ou le moxa comme le seul remède capable de combattre efficacement les engorgemens lymphatiques et invétérées des articulations.

Park, chirurgien anglais, conseille, pour remédier à la carie, d'emporter la portion cariée de l'os ou des os qui forment l'articulation, et de couper le ligament capsulaire, en totalité ou en partie, suivant l'exigeance des cas. Par ce moyen, dit-il, on obtient la guérison en soudant les extrémités des os sur lesquels l'excision a été pratiquée.

Vigaroux, de Montpellier, va plus loin; il propose l'amputation de la partie malade, surtout lorsque ce sont les doigts qui sont affectés, par la raison, dit-il, que le procédé de la nature est ordinairement trop lent à opérer une exfoliation heureuse, et que l'on prévient par le moyen qu'il indique les dangers inévitables de l'absorption du pus.

Les caustiques, le cautère actuel et surtout le moxa sont préférables, si l'état des tumeurs permet de les employer, parce qu'on a l'espoir de conserver en entier la partie qui est le siége du mal; néanmoins, si ce moyen est impraticable ou insuffisant, il convient de faire l'excision de la partie de l'os ou des os cariés, et l'on placera les extrémités des os de l'articulation malade bout-àbout, de manière qu'ils puissent se souder ensemble. Par ce moyen, on perdra à la vérité l'usage de l'articulation; mais on conservera au moins la partie qui était affectée.

Cette méthode, c'est-à-dire, l'excision de la partie de l'os carié, est sujette à de moindres inconvéniens que celle de l'amputation du membre. Car il vaut mieux sans doute ne perdre qu'une partie d'un membre, que de perdre un membre tout entier.

Mais il arrive quelquefois que, sans le secours des caustiques ou d'instrumens tranchans, lorsque le malade n'est pas bien affaibli, l'exfoliation de l'os se fait heureusement par les seules forces de la nature. Le travail de la puberté détermine souvent cette crise salutaire. La guérison spontanée qui s'opère pour lors, indique tout à-la-fois de ne pas trop se presser de faire l'amputation des os affectés, et la nécessité d'augmenter et de soutenir les forces du malade par tous les moyens fortifians dont nous avons parlé.

Du carreau scrofuleux.

On appèle ainsi une maladie du mésentère qui attaque particulièrement les enfans d'une constitution scrofuleuse. Cette maladie consiste, suivant l'opinion générale, dans le gonflement et l'induration des glandes mésentériques. Elle présente dans son cours, trois périodes marquées par les symptômes suivans :

Première période. L'enfant affecté du carreau,

a

a un air triste, inquiet, les yeux ternes; tout annonce en lui un état de langueur et de faiblesse; son visage est pâle, ainsi que le reste de la peau; sa respiration inégale; sa bouche continuellement remplie d'une mucosité épaisse; il lui survient de tems en tems des vomissemens de même nature. Le ventre est gros, tendu et comme empâté, mais sans douleur. Les membres abdominaux sont débiles et peu nourris, les mouvemens musculaires languissans, et quelquefois douloureux. Il y a lenteur et intermittence dans le pouls. L'appétit est inégal, et très-fréquemment désordonné. L'enfant digère mal, et est souffrant après le repas. La nutrition ne se fait point. La transpiration exhale une odeur acide. Les selles sont souvent liquides et blanchâtres, les urines bourbeuses. Le malade est quelquefois altéré, et une chaleur un peu sèche se fait sentir sur sa peau, principalement à la paume des mains.

Deuxième période. A mesure que la maladie fait des progrès, le visage se flétrit et prend une teinte terreuse ou livide. La peau devient généralement rude et sèche. La grosseur et la dureté du ventre augmentent sensiblement, sans qu'il soit pourtant encore douloureux. La tristesse et la langueur sont plus marquées, la faim et la soif plus pressantes, la diarrhée presque continuelle, les déjections de couleur cendrée et très-fétides. Le sommeil est court et difficile, les malléoles commencencent à s'enfler.

Troisième période. Enfin, le ventre devient fort

volumineux et fort dur, la diarrhée est persistante. Une pâleur livide se répand sur le visage et sur les lèvres. De légers frissons, un pouls fréquent et serré, particulièrement vers midi et le soir, les joues un peu colorées à ces deux époques, la chaleur de la peau et surtout des mains, une moiteur générale ou des sueurs partielles, annoncent la fièvre lente ou étique la mieux caractérisée. L'atonie du système lymphatique chyleux est complète, ainsi que celle des principaux organes digestifs; la lienterie n'est plus équivoque; le marasme est extrême. Dans cet état déplorable, quelquefois il survient tout-à-coup une hydropisie du thorax ou de l'abdomen, qui termine bientôt les jours du malade. L'enflure des mains est alors le signe avant-coureur de la mort.

L'ouverture des enfans qui meurent à la suite du carreau, a montré les glandes lymphatiques du mésentère plus ou moins tuméfiées et dures, et d'autres indurations glanduleuses tant à l'intérieur qu'à l'extérieur du corps. Plusieurs viscères, tels que l'encéphale, les poumons, les pancreas, et surtout le foie et la rate, ont offert des lésions plus ou moins graves. On a trouvé même, dans différentes cavités, des épanchemens de fluide séreux ou lymphatique, et des foyers purulens. Mais les principales altérations organiques, ont presque toujours lieu dans le mésentère, où l'inspection anatomique découvre non seulement des glandes lymphatiques endurcies, d'autres suppurées, d'autres comme cartilagineuses, mais encore des concrétions de consistance et de couleur diverses entre les lames du mésentère.

Différentes causes débilitantes, telles que l'habitation dans un lieu humide, et où l'air ne se renouvèle que difficilement, l'usage immodéré des alimens indigestes ou peu nutritifs, des boissons aqueuses tièdes; les maillots, les corps baleinés, la malpropreté, le défaut du lait maternel, et autres vices de l'éducation physique; les vers, la dentition difficile, les dévoiemens opiniâtres, la constipation, des concrétions épiploïques, des fièvres intermittentes ou des éruptions cutanées mal soignées, etc. peuvent produire des accidens nombreux qui ont de l'analogie avec ceux qui caractérisent le carreau scrofuleux.

Mais il est facile de les distinguer de cette dernière affection, en examinant si le malade ou ses parens présentent quelques caractères de la constitution scrofuleuse. Car, suivant l'observation de *Russell*, l'engorgement des glandes du cou, par exemple, dénote une affection de même nature dans celles du mésentère ou de la poitrine (21).

Les médecins regardent assez généralement la tuméfaction et la dureté des glandes mésentériques, comme la cause des symptômes que présente le carreau. Cela est vrai sans doute pour les phénomènes particuliers qui dépendent du défaut d'absorption du chyle.

---

(21) *Russell. De tabe glandulari*, page 24.

La compression exercée sur les vaisseaux lymphatiques chyleux par les glandes tuméfiées et endurcies, doit en effet nuire à l'absorption du chyle, et rendre très-difficile son passage dans le canal lombo-thoracique. La nutrition ainsi sapée dans son principe, il en résulte nécessairement la maigreur de tout le corps, et l'atrophie qui vont toujours en croissant.

Dans cette circonstance, le chyle qui n'a pas été absorbé doit continuer sa route dans le canal intestinal, et donner lieu aux selles liquides et blanchâtres, que l'atonie complète des organes digestifs rend enfin lientériques, ce qui constitue un accident des plus graves.

Mais ce ne sont pas là les symptômes essentiels de la maladie; c'est dans l'altération de la sensibilité organique, et de la tonicité du système des vaisseaux absorbans qu'il faut en chercher la cause radicale; car de l'aveu même de *Baumes*, la faiblesse du tube intestinal, une certaine inertie dans la force absorbante des vaisseaux lymphatiques, ont évidemment précédé les congestions mésentériques (22).

Quand cet état d'atonie est beaucoup augmenté, les vaisseaux lymphatiques n'ayant plus d'action sur les sucs surabondans qui les oppriment, il doit en résulter l'accumulation de ces sucs, particulièrement dans les glandes qui sont les portions

(22) Mém. sur le carreau, page 8.

les plus faibles du système lymphatique, et les diverses altérations qui accompagnent la stagnation plus ou moins longue de ces mêmes sucs dans des organes pour ainsi dire privés de vie.

C'est en effet ce qui arrive chez les enfans nés de parens scrofuleux, ou qui le sont devenus par l'influence générale des causes capables de leur imprimer cette constitution morbifique. Telle est la véritable raison de l'épaississement lymphatique, et des autres modes d'altération qu'on remarque dans le carreau, maladie dans laquelle non seulement les glandes lymphatiques du mésentère, mais encore un très-grand nombre d'autres, soit à l'intérieur, soit à l'extérieur du corps, sont en même tems intéressées, et de la même manière.

Le carreau étant une maladie dont le caractère essentiel est une débilité générale des solides, et surtout du système lymphatique, les indications que le médecin doit chercher à remplir, consistent principalement à raffermir et fortifier toute la constitution, et à ranimer en particulier l'action des organes affaiblis, pour leur donner la force de fluidifier la matière trop condensée ou épaissie qui les paralyse, de la chasser hors du corps, et de s'opposer ainsi à de nouvelles congestions, source de nouvelles altérations.

On fera concourir avec avantage à cette fin dans la première et même dans la deuxième période de la maladie, les ressources de l'hygiène et les moyens de la thérapeutique. Mais il est essentiel

4...

de ne jamais perdre de vue que ces derniers ne sauraient être complétement efficaces, s'ils ne sont secondés dans leur action par les secours de l'hygiène, qui méritent bien plus de confiance que tous les prétendus atténuans de la lymphe. Les fondans, selon *Baumes*, sont les vrais remèdes du carreau; néanmoins, il convient que lorsque le mal a fait certains progrès, leur usage intérieur ne fait souvent qu'affaiblir les malades, et rendre la maladie plus opiniâtre, en affaiblissant davantage les solides, loin de fondre la matière contenue dans les glandes, et donne lieu aux hydropisies (23). L'usage journalier d'un grain de tartrite antimonié de potasse, dans une livre d'eau commune, sucrée ou miellée, que l'on fera prendre un peu tiède et à petites doses, en continuant ainsi pendant un mois ou deux, si l'opiniâtreté de la maladie l'exige, remplira plus efficacement les vues qu'on se propose. Des frictions sèches, ou avec des substances aromatiques, souvent répétées sur l'abdomen, une nourriture succulente donnée à propos, des panades aromatisées avec la canelle, etc. un peu de vin généreux, les boissons froides, toniques, un exercice habituel en plein air, lorsque l'âge de l'enfant lui permet de s'y livrer, et les bains froids, sont autant de moyens qui contribueront puissamment à la guérison.

Mais il faut soigneusement éviter l'impression

(23) Mém. sur le carreau, page 63.

d'un air froid et humide, comme d'une chaleur excessive, l'un et l'autre ayant la propriété relâchante, et en général tout ce qui tendrait à affaiblir les organes.

Les purgatifs sont généralement nuisibles, à moins qu'ils ne soient pris dans la classe des toniques, tels que l'infusion de rhubarbe ou son syrop composé que *Sydenham* recommande en pareil cas. Mais il est plus avantageux de s'en tenir à l'usage du tartrite antimonié de potasse, administré par épicrase. Cette substance est la plus propre à aiguillonner la sensibilité engourdie des organes, à les tirer de l'état d'inertie où les retient la matière froide qui les opprime; elle excite des contractions toniques, qui, par les modifications qu'elles font subir à cette matière, la chassent peu-à-peu hors du corps. L'énergie vitale ainsi ranimée, doit être maintenue dans cet état par les moyens et le régime fortifians que nous avons indiqués. Le quinquina, le vin d'absinthe et de gentiane peuvent être infiniment utiles.

Lorsque la maladie est à sa dernière période, que la fièvre étique est très-forte, l'atrophie très-considérable, il y a en général très-peu d'espoir. Les médicamens stimulans et toniques doivent être alors employés avec plus de ménagement. Quelques auteurs veulent que l'on combine les mucilagineux avec les amers, mais ils sont très-rarement efficaces.

De l'opthalmie scrofuleuse.

Cette maladie est assez familière aux enfans ainsi qu'aux jeunes gens scrofuleux. Elle affecte le plus souvent les deux yeux et s'annonce par un écoulement surabondant de larmes, accompagné d'un sentiment de chaleur plus ou moins vive; à ces premiers symptômes se joint le gonflement des paupières; leurs bords et la conjonctive de l'œil sont sillonnés de filets rouges. Les malades croient sentir des petits graviers entre le bulbe de l'œil et les paupières. Il se forme à leurs bords de légères ulcérations, d'où découle une humeur épaisse, visqueuse et puriforme. Ces parties, ainsi que toute la tête, deviennent douloureuses. Les malades ne peuvent supporter l'impression de la plus faible lumière, et sont obligés de tenir continuellement les yeux couverts ou fermés.

Dans cette espèce d'ophtalmie, il n'y a pas ordinairement de fièvre. L'apparence inflammatoire qu'elle présente, en impose très-souvent à beaucoup de médecins, qui, n'ayant égard qu'à la rougeur des yeux et des paupières, ne balancent pas à prononcer qu'il y a inflammation.

D'après cette idée, ils mettent en usage tous les remèdes propres à combattre efficacement cette inflammation et l'humeur âcre, qu'ils supposent en être la cause; en conséquence, la saignée, les boissons délayantes, adoucissantes, mucilagineuses, les purgations, le régime humectant, l'abstinence du vin; en un mot, les médicamens et le régime affaiblissans; tels sont les moyens qu'on emploie communément pour guérir une maladie qui dépend d'un état de faiblesse radicale ou constitutionnelle dans le système des solides.

Aussi, bien loin de se calmer par l'usage même long-tems continué de ces remèdes, l'ophtalmie fait chaque jour plus de progrès. Il se forme enfin des taches à la cornée, et il n'est pas rare de voir la maladie se terminer par la perte de la vue dans un œil ou même dans les deux yeux.

Aux médicamens et au régime dont il vient d'être parlé, quand on voit qu'ils sont absolument sans succès, on ajoute l'usage des collyres adoucissans, tempérans, et pour détourner des yeux l'humeur âcre qui y est, dit-on, fixée; après l'emploi des saignées, des purgatifs, et autres évacuans généraux, on a recours aux pediluves, aux cautères du bras, aux vésicatoires, aux sétons appliqués à la nuque. Cependant, le mal empire toujours, et les médecins déconcertés envoient les malades aux eaux minérales.

Ceux parmi les médecins qui aperçoivent dans l'ophtalmie dont il est ici question, un accident du *vice scrofuleux*, cherchent à attaquer la maladie par les moyens auxquels ils attribuent la propriété de fondre la lymphe épaissie dans laquelle le *virus scrofuleux* est, suivant eux, caché. De-là l'usage des médicamens réputés fondans, suivis de celui des évacuans, mais toujours accompagné du régime rafraîchissant et humectant.

D'après les principes que nous nous sommes faits sur la nature de ces sortes de maladies, il est évident que le traitement qu'on leur oppose, bien loin de produire quelque bon effet, doit au contraire en prolonger la durée et les aggraver, comme il arrive presque toujours.

La méthode curative en pareil cas, doit comprendre tous les moyens propres à ranimer les forces vitales évidemment languissantes, et à rétablir le ton des solides affaiblis. On obtiendra ces effets de l'usage des bains aromatiques, d'une nourriture substantielle, des boissons toniques, des collyres stimulans, avec l'eau froide, l'eau de rose, ect. avec le vin, et mieux le vin émétique, dont on versera de tems en tems quelques gouttes sur l'œil malade, surtout au sortir du bain; enfin, des autres moyens généraux de l'hygiène. Voilà, ce me semble, la meilleure méthode de guérir l'ophtalmie scrofuleuse, qui n'est si souvent rebelle, que parce que les remèdes qu'on lui oppose sont contraires à sa nature.

Du rachitis scrofuleux.

Rachitis, dans son acception propre, signifie courbure ou torsion du rachis. On attache néanmoins à cette dénomination un sens beaucoup plus étendu; car on l'emploie communément pour désigner une altération plus ou moins marquée dans la conformation et la texture des os en général.

Le rachitis était peu connu avant le 17e. siècle. *Glisson*, professeur de médecine à Cambridge, en a donné le premier une description exacte.

Cette maladie, suivant les nombreuses observations de *Portal*, est rarement essentielle, mais presque toujours le résultat de quelqu'affection antécédente, principalement des scrofules. On voit en effet l'altération des glandes lymphatiques précéder ou accompagner très-fréquemment celle des os; et les individus les plus sujets au rachitis, sont en général ceux qui présentent les signes de la constitution scrofuleuse (24). Ces deux affections sont d'ailleurs marquées par les mêmes caractères essentiels; ce qui nous porte à conclure que leur nature est identique, et qu'elles ne diffèrent que par le degré et le siége des parties intéressées. L'histoire des phénomènes du rachitis fournira la preuve de cette assertion.

Cette maladie se manifeste ordinairement à l'époque de la dentition; son apparition a néanmoins lieu chez les scrofuleux en d'autres tems plus ou moins éloignés de la naissance; elle est d'abord annoncée par la flaccidité et l'aridité de la peau, auxquelles vient se joindre l'amaigrissement de tout le corps. Le visage est très-pâle et bouffi. Les pommettes sont de tems en tems un peu colo-

(24) *Buchner* fait mention d'une femme scrofuleuse qui eut douze enfans, tous affectés du rachitis. (*Dissertatio de Rachit.* Collect. de Haller, *tome* 6.

rées. Les enfans rachitiques bavent continuellement ; leur tête est fort grosse, relativement au volume des autres parties du corps (25), le front proéminent. La fontanelle et les sutures s'offifient fort tard. La dentition est tardive, irrégulière et difficile. Les dents une fois sorties, deviennent jaunes, noircissent, tombent enfin et sont difficilement remplacées. Le volume de la tête fait paraître le cou plus mince, quoiqu'il soit réellement plus gros que dans l'état naturel ; mais il est d'ordinaire court et flexible. Les veines et les artères de cette région sont aussi dans un état de turgence ou de gonflement.

Le thorax est petit, étroit, ce qui fait que les organes qu'il renferme sont peu développés. Les clavicules, très-convexes en avant, forment une concavité difforme en arrière. Les côtes sont applaties, resserrées et noueuses à leur extrémité sternale. Le sternum est saillant en dehors. Le rachis se recourbe dans plusieurs parties de sa longueur. Le dos est voûté. Les os des membres se contournent en divers sens ; les têtes de ces mêmes os, qui servent aux articulations, ainsi que toutes les épiphyses, se gonflent et se ramollissent. Tous les os spongieux, particulièrement ceux des mains et

---

(25) Cela n'est pourtant pas toujours constant : les Mémoires de l'Académie des Sciences pour l'année 1734, fournissent des exemples du contraire. MM. *Portal* et *Lassus* ont recueilli quelques observations analogues.

des pieds, se tuméfient, tandis que les os longs deviennent flexibles.

Les mains et les pieds ont une grosseur considérable; les genoux sont aussi plus volumineux, et tellement rapprochés qu'ils se touchent quand l'enfant veut marcher; il a ses pieds tournés en dehors, et se soutient sur leur bord interne dans la station comme dans la progression; tous ses mouvemens sont faibles, chancelans; sa démarche, d'abord peu sûre, devient insensiblement impossible par le relâchement des muscles et le défaut de ressort des ligamens et des cartilages qui unissent les os du bassin entr'eux, ce qui rend ces os vacillans, et cause la débilité des lombes. La même altération dans les ligamens et les cartilages intervertébraux, donne lieu aux déviations du rachis.

A cet appareil de symptômes de débilité, de ramollissement et de déformation, se joignent la tuméfaction de l'abdomen, produite par celle de tous les viscères qu'il contient, surtout du côté droit; la voracité, les mauvaises digestions, et les selles fréquemment liquides et blanchâtres.

Certains enfans rachitiques sont mornes, sérieux; d'autres, au contraire, sont assez gais; s'il en est quelques uns doués d'une intelligence précoce et spirituels, l'observation démontre dans le plus grand nombre un état de stupidité et d'imbécillité (26). Les facultés intellectuelles pa-

(26) *Ego plures rachiticos stupidos, quam facultatibus*

raissent même s'anéantir, à mesure que la tête grossit, ce qui prouve qu'on ne doit pas juger de leur perfection par le volume de la tête.

Les premiers tems de la maladie sont ordinairement sans fièvre; mais les symptômes fébriles se déclarent enfin. Le pouls devient vif, serré, fréquent. Une chaleur sèche se fait sentir à la peau, particulièrement à celle des pieds et des mains; le malaise et l'inquiétude s'emparent du malade.

La durée de cette maladie est plus ou moins longue. Quelquefois après que les os se sont contournés, elle cesse de faire des progrès et la santé se rétablit. Cette guérison spontanée a surtout lieu à l'époque de la puberté; mais les membres contournés restent plus ou moins dans leur état de difformité; telle est l'origine des courbures aux membres, des gibbosités, etc. que présentent les individus qui ont échappé aux progrès de la maladie. D'autres fois elle poursuit son cours, attaque les principaux viscères et altère toutes les fonctions de l'économie; alors la fièvre étique est très-considérable, les malades maigrissent à vue d'œil, et leur état est, pour ainsi dire, désespéré.

Les rachitiques, pendant leur maladie, répandent une odeur aigre. Des observateurs on cru trouver dans cette odeur une ressemblance avec celle de l'ail. Les membres des rachitiques restent

---

animœ valentes hactenùs vidi, etsi hos quoque viderim. Buchner, de Rachit. Art. 13.

après la mort plus long-tems moux et flexibles, et se putréfient plus tard que ceux des autres individus.

L'ouverture des cadavres a montré tous les viscères de l'abdomen plus volumineux que dans l'état sain, les glandes lymphatiques généralement engorgées, le mésentère et les poumons remplis de concrétions plus ou moins grosses et consistantes; enfin, une foule d'altérations dans les différens viscères.

D'après la nature des phénomènes propres au rachitis, il est évident qu'il n'est qu'un mode particulier de développement de la constitution scrofuleuse, et que son caractère essentiel est un état de débilité de tout le système et d'atonie particulière des vaisseaux du système osseux, comme l'annoncent d'une manière bien sensible, la pâleur du corps, la bouffissure du visage, l'asthénie musculaire, la laxité des ligamens, la mollesse et le gonflement des os, la lenteur du mouvement des fluides, leur stagnation, et en général la langueur de toutes les propriétés vitales.

Le traitement qu'exige cette débilité rachitique, doit donc être dirigé de manière à fortifier toute la constitution, et à rétablir dans son type naturel l'action du système particulièrement affaibli. Il doit réunir les différens moyens indiqués dans la curation générale des scrofules, dont il faut pourtant faire un choix relativement aux circonstances particulières où se trouve le malade.

Les vomitifs peuvent être utiles. Leur utilité ne consiste pas seulement à évacuer la matière lymphatique ou pituiteuse qui surcharge les organes digestifs, ils produisent encore un meilleur effet, en réveillant la sensibilité engourdie, par les secousses qu'ils donnent à l'ensemble du système.

Les purgatifs sont contraires comme débilitans, à moins qu'on ne les choisisse parmi ceux qui sont amers, tels que la rhubarbe, etc. mais leur indication est très-secondaire.

Les sudorifiques, les céphaliques proposés par *Duverney* dans son traité des maladies des os, sont sans aucun succès, d'après l'observation de *Portal* dans ses recherches sur les rachitis.

Les vésicatoires, les sétons, les cautères, recommandés par ce dernier médecin, peuvent convenir, moins comme il le dit lui-même, pour chasser l'humeur morbifique, que pour entretenir une irritation locale qui peut se répéter sympatiquement sur tout l'économie, et produire de très-bons effets.

L'inertie des solides, et l'affaiblissement de la constitution étant la cause principale à laquelle il faut avoir égard, et proprement la seule qui indique les moyens curatifs ; il faut particulièrement s'attacher à rétablir le ton des solides relâchés, et à leur donner la force de se débarrasser des sucs surabondans sur lesquels ils ne peuvent pas réagir Les stimulans, les amers qui ne sont pas purgatifs. réunissent à la vérité cette propriété jusqu'à un certain

certain point. Mais, comme nous l'avons dit ailleurs, leur action tonique n'est que passagère ; ils ne peuvent pas produire des effets stables et permanens, attendu qu'ils ne sont pas propres à s'assimiler à nos organes. L'air et les alimens sont seuls susceptibles de s'identifier avec la substance de notre corps. Ils sont seuls des restaurans durables des forces.

L'action habituelle d'un air vif et sec sur l'organe de la peau, est un puissant moyen excitant, qui entretient en même tems la transpiration cutanée d'autant plus nécessaire chez les rachitiques, que l'action des poumons est très-faible à raison du peu de développement de ces organes.

Une nourriture forte et succulente plus ou moins suivant l'âge du malade, le degré de la maladie et autres circonstances particulières, des boissons froides, toniques, l'usage modéré des liqueurs spiritueuses, un exercice habituel du corps en plein air, les jeux variés à propos, des promenades fréquentes, des courses légères, suivant les dispositions du malade; (27) tels sont les moyens les plus appropriés à la guérison du rachitis.

On ajoutera à l'efficacité de ces moyens vraiment

(27) *Ut caliditas excitetur, et caro augeatur, et vires restituantur, optime faciunt saltus et cursus ; omnia velocia exercitia cruribus conveniunt, et omnia roborant.* Arœt. Cappad. de Curat. Morb. Diut. *Lib. I. Cap.* 3.

curatifs par des frictions sèches, ou avec des huiles aromatiques, comme l'huile essentielle de lavande, etc. que l'on fera matin et soir sur le rachis, sur les membres et sur l'abdomen, ayant bien soin de ne frotter les malades, que lorsque la digestion est achevée.

Les bains aromatiques et les bains froids sont aussi de puissans fortifians. *Portal* prescrit de continuer ces derniers toute l'année, et il assure en avoir retiré les plus heureux succès. Le rachitis, au rapport de *Cullen*, est très-rare en Écosse, où l'on est dans l'usage de plonger tous les matins les enfans dans l'eau froide. Il y a dans les montagnes de la ci-devant Auvergne, des fontaines où l'on baigne les enfans pour les fortifier ou les guérir du rachitis. On attache même à ce remède une espèce de croyance religieuse qui remonte au tems des anciens *Druides*.

La natation, que les anciens regardaient comme l'un des premiers moyens de la gymnastique, peut être infiniment utile aux rachitiques qui sont d'un âge à pouvoir s'y livrer. Elle réunit le double avantage de l'exercice et du bain. Les contractions successives qu'elle exige de la part des muscles, et le stimulus particulier de l'eau froide, sont très-propres à augmenter leurs forces et à déterminer leur accroissement. Ce genre d'exercice, en fortifiant régulièrement les membres, peut faire reprendre à ceux qui sont contournés leur forme et leur direction naturelles.

Les préparations de mercure, aussi préconisées par *Portal*, celle de fer, etc. le quinquina, la gentiane, l'absinthe et autres amers ou aromatiques, peuvent être employés comme moyens curatifs secondaires. Ces médicamens réussissent seuls dans le cas d'affaiblissement acccidentel, comme, par exemple, le quinquina dans les fièvres intermittentes; parce que leur action, stimulante ou tonique, quoique passagère, est suffisante pour opérer la guérison. Mais il n'en est pas de même dans le rachitis : cette maladie, consistant dans une débilité constitutionnelle, demande d'être combattue par des moyens dont l'action, comme nous l'avons déjà dit, soit durable et permanente.

Je ne parlerai pas de la garance, qui a joui pendant long-tems de la réputation d'être un spécifique contre le rachitis. Elle ne mérite aucune préférence sur les autres végétaux amers. Bien plus, il résulte des observations recueillies par le professeur *Peyrilhe*, que l'usage de la garance produit l'amaigrissement du corps et rend les os plus fragiles.

Storck et beaucoup de médecins après lui, vantent les propriétés anti-rachitiques de l'extrait de ciguë; mais *Portal* nous assure l'avoir administré sans aucun succès à plusieurs enfans atteints du rachitis scrofuleux.

Sydenham conseille contre le rachitis une potion corroborante de vin ou de bière, dans laquelle on a fait infuser de l'absinthe, de la petite centaurée, de la germandrée, du scordium, de la verge dorée et du mille-pertuis; et un onguent composé avec ce même vin et l'axonge, dont on frotte les membres et l'abdomen matin et soir. Ce traitement, réuni aux moyens généraux de l'hygiène, peut avoir de bons effets.

Sauvages nous fournit une preuve plus que convaincante de l'inutilité de tous les médicamens pharmaceutiques contre le rachitis, sans les secours de l'hygiène, lorsqu'il nous dit : « Les remèdes ne « contribuent en rien à la guérison de cette ma« ladie; on ne doit l'attendre que du changement « de l'air, du régime et de l'âge (28). »

Une des précautions les plus indispensables pour les rachitiques, est d'éviter l'humidité froide. *Buchner* remarque qu'à Strasbourg, où l'air est habituellement froid et humide, et où il y a beaucoup de rachitiques, l'espèce de crise que la révolution de la puberté produit dans cette maladie, n'est pleine et complète que chez ceux qui changent de pays, et qui vont respirer un air plus sec. Le travail de la puberté, aidé du changement d'air, fait complétement disparaître, selon lui, la constitution rachitique.

Lorsque les sucs lymphatiques accumulés dans quelques uns des viscères de l'abdomen ou du thorax, naturellement très-faibles, ou qui le sont

(28) Nosol. méth. vol. 9. pag. 311.

devenus accidentellement, y croupissent long-tems; ils y subissent par l'effet même de leur stagnation différens modes d'altérations, et finissent par s'y pourrir. Devenus, pour ainsi dire, corps étrangers, ils déterminent une irritation lente sur la partie qui en est le siége. Le malade ressent à cette partie une douleur plus ou moins aiguë qui est fixe et permanente; et s'il y a plusieurs viscères affectés, il y a aussi plusieurs points douloureux en différens endroits; alors la fièvre étique se déclare: son invasion est à peine sensible. Le pouls est d'abord un peu vif et accéléré, particulièrement vers midi et le soir. Le visage est pour lors plus rouge, ou plutôt moins pâle. Il y a plus de chaleur, surtout aux pieds et aux mains que dans les autres parties. Les urines sont rares, fort colorées, mêlées de matières muqueuses et comme huileuses; elles déposent un sédiment, tantôt blanc, tantôt muqueux, purulent ou puriforme, et tantôt rougeâtre.

Le ventre est d'abord resserré, et les excrémens sont durs et secs; mais dans les progrès de la maladie, les selles deviennent liquides, fétides et fréquentes surtout pendant la nuit. Le cou, la poitrine, l'épigastre, et la partie chevelue de la tête se couvrent pour lors de sueur.

Les symptômes fébriles sont un peu moins intenses le matin; cependant, le malade souffre continuellement et dépérit de jour en jour. Il ressent une chaleur sèche, une soif fréquente. Il conserve encore de l'appétit. Le moindre mouvement accélère sa respiration, et il lui survient, surtout après le repas, une petite toux sèche et fatigante. Il éprouve des lassitudes continuelles principalement le soir, quoiqu'il se tienne debout, et fasse encore quelques pas.

Le visage se ternit et se colore à chaque exacerbation de la fièvre, d'un rouge vif, surtout à l'endroit des pommettes, tandis que le reste du visage, et le corps tout entier demeurent pâles.

Le sommeil est rare, agité, et ne répare pas les forces; l'abdomen se tuméfie de plus en plus; la maigreur devient extrême; les yeux s'enfoncent dans leurs orbites; les tempes et les joues se creusent; les chairs semblent se fondre; le malade présente plutôt l'aspect d'un squelette que celui d'un homme vivant.

Enfin, la diarrhée qui ne venait que par intervalle, devient continuelle; les forces se perdent; les jambes s'édématient, et le malade n'est plus en état de se lever. Malgré cet appareil de mort, il est assez tranquille, et ne désespère pas de guérir. Il est enfin réduit à un état de marasme complet et d'épuisement total des forces; il expire, pour ainsi dire, en causant, et au moment qu'on s'y attend le moins.

Certains malades, après avoir bien passé l'été, meurent en automne; d'autres, qui étaient assez bien dans le cours de l'hiver, cessent de vivre au commencement du printems.

Les remèdes communément employés contre la fièvre lente ou étique rachitique, sont les adoucissans, les mucilagineux, les rafraîchissans, les calmans et quelques purgatifs doux; mais l'expérience apprend que ces moyens sont constamment inutiles. Ils aggravent même le mal dans certains cas, et accélèrent la mort. Il ne suffit pas de combattre les effets de la fièvre pour parvenir à la guérir; il faut attaquer directement la cause de la maladie, c'est-à-dire, l'atonie des organes, et rétablir leur action propre dans son type naturel. On ne peut espérer d'atteindre ce but, et par conséquent de guérir la fièvre étique rachitique, que par l'usage bien entendu des médicamens stimulans, qui ont la propriété de pincer et d'aiguillonner les organes auxquels ils parviennent, et d'exciter par-là dans ces organes une action extraordinaire souvent répétée et long-tems soutenue, par laquelle ils écartent loin d'eux l'humeur dégénérée qui entretient la maladie.

Pour cela, il convient d'employer un grain de tartrite antimonié de potasse dans une livre d'eau commune tiède qu'on donne par demi-petit verre à chaque heure pendant vingt-quatre heures; on y ajoute un peu de sucre ou de syrop, afin que les enfans prennent ce remède plus facilement. Il faut en continuer l'usage pendant un mois, deux et quelquefois trois mois, suivant que l'opiniâtreté de la maladie le commande. Le quinquina combiné avec le syrop de tussillage peut avoir quelque utilité, en contribuant à augmenter les forces du malade.

Le régime doit être fortifiant. Il faut en conséquence que le malade évite tout ce qui tendrait à l'affaiblir, comme le froid humide, les boissons tièdes, aqueuses et mucilagineuses, dont on est si prodigue dans ces circonstances, pour calmer la chaleur et la fièvre. Au lieu d'alimens gras et visqueux, il faut donner aux enfans une nourriture sèche, substantielle, souvent et peu à-la-fois, les accoutumer à manger du cresson cru, sans assaissonnement. Les anti-scorbutiques, en général, produisent quelquefois d'heureux effets. Il faut que ces enfans fassent un exercice habituel en plein air, autant que les circonstances le permettent. On doit leur inspirer de la gaîté, en variant et multipliant leurs jeux, leur faire des frictions sèches et douces sur l'abdomen et sur le dos.

Telle est la méthode de traitement qui me paraît la plus conforme à la nature de la fièvre étique qui accompagne le rachitis, et en même tems la plus utile pour en arrêter les progrès et procurer la guérison.

Lorsque par l'effet de l'accumulation et de la stagnation des sucs lymphatiques au voisinage des vertèbres, ou dans leur texture intérieure, ces os sont menacés de carie; ce qui s'annonce par des douleurs vagues, des anxiétés à la région épigastrique, par la courbure du rachis à l'endroit

des

des vertèbres affectées, accompagnée de la difficulté de mouvoir les membres abdominaux, et de l'impuissance plus ou moins grande de marcher, il faut promptement recourir aux caustiques qui réussissent merveilleusement dans ce cas, et surtout au moxa, que rien ne peut remplacer, suivant *Portal*. Le tartrite antimonié de potasse, administré en même tems à petite dose, et les autres moyens généraux stimulans ou toniques coopéreront efficacement au succès. Je me rappèle avoir vu à Toulouse, un homme attaqué d'une affection vertébrale, qui en fut guéri par l'usage long-tems continué du tartrite antimonié de potasse et du moxa.

F I N.

ERRATA.

Page 2, *ligne* 21 ; *au lieu de :* les uns ont fait consister ce virus spécifique; *lisez :* et les uns l'ont fait consister, ce virus spécifique.

Page 8, *ligne* 25; *au lieu de :* nous trouvons ; *lisez :* nous la trouvons.

Page 17, *ligne* 8 ; *au lieu de :* la Courbure ; *lisez :* les Courbures.

Même page, ligne 9 ; *au lieu de :* les ophtalmies; *lisez :* des ophtalmies.

Page 21, *note* 16 ; *au lieu de :* contient, etc. *lisez :* contient environ trois gros dix-sept grains de muriate de soude, dix grains de sulfate de chaux et d'alumine, et vingt-quatre grains de sulfate de magnésie.

Page 25, *ligne* 2 ; *au lieu de :* son spécifique; *lisez :* sa spécificité.

Page 26, *ligne* 14; *au lieu de :* vanté; *lisez :* vantés.

Page 29, *ligne* 30; *au lieu de :* sorte ; *lisez :* source.

Page 38, *ligne* 25 ; *au lieu de :* précise ; *lisez :* précises.

Page 56, *ligne* 1 ; *au lieu de :* opthalmie ; *lisez :* ophtalmie.

Page 67, *ligne* 2; *au lieu de :* celle ; *lisez :* celles.

www.ingramcontent.com/pod-product-compliance
Ingram Content Group UK Ltd.
Pitfield, Milton Keynes, MK11 3LW, UK
UKHW020340250726
13967UKWH00005B/2030

9 782013 032728